BEI GRIN MACHT SICH IHR
WISSEN BEZAHLT

- Wir veröffentlichen Ihre Hausarbeit,
  Bachelor- und Masterarbeit

- Ihr eigenes eBook und Buch -
  weltweit in allen wichtigen Shops

- Verdienen Sie an jedem Verkauf

Jetzt bei www.GRIN.com hochladen
und kostenlos publizieren

Simon Beizaee

Die Geschichte der Arabischen Halbinsel

GRIN Verlag

Bibliografische Information der Deutschen Nationalbibliothek:

Die Deutsche Bibliothek verzeichnet diese Publikation in der Deutschen National-
bibliografie; detaillierte bibliografische Daten sind im Internet über http://dnb.d-
nb.de/ abrufbar.

Impressum:

Copyright © 2011 GRIN Verlag GmbH
Druck und Bindung: Books on Demand GmbH, Norderstedt Germany
ISBN: 978-3-656-17994-8

Dieses Buch bei GRIN:

http://www.grin.com/de/e-book/192755/die-geschichte-der-arabischen-halbinsel

GRIN - Your knowledge has value

Der GRIN Verlag publiziert seit 1998 wissenschaftliche Arbeiten von Studenten, Hochschullehrern und anderen Akademikern als eBook und gedrucktes Buch. Die Verlagswebsite www.grin.com ist die ideale Plattform zur Veröffentlichung von Hausarbeiten, Abschlussarbeiten, wissenschaftlichen Aufsätzen, Dissertationen und Fachbüchern.

Besuchen Sie uns im Internet:

http://www.grin.com/

http://www.facebook.com/grincom

http://www.twitter.com/grin_com

JUSTUS-LIEBIG-UNIVERSITÄT GIEßEN

FACHBEREICH 07 – INSTITUT FÜR GEOGRAPHIE

BSC. PROJEKT 03
WS 2011/12

HAUSARBEIT

DIE GESCHICHTLICHE ENTWICKLUNG DER ARABISCHEN HALBINSEL BIS ZUM II. WELTKRIEG

SIMON BEIZAEE

4. SEMESTER, GEOGRAPHIE BSC.

ABGABEDATUM: 31.03.12

Inhaltsverzeichnis

1. Einleitung

Die geschichtliche Entwicklung Europas samt Jesus, Kreuzzügen, der Französischen Revolution und den beiden Weltkriegen dürfte den meisten Europäern zumindest ungefähr präsent sein. Die arabische Halbinsel und deren Geschichte hingegen entzieht sich dem Gegenstand der Lehrstunden. Lediglich die jüngsten städtebaulichen Entwicklungen Dubais sind vermutlich den meisten ein Begriff. Durch Erdöl zu Reichtum gekommen werden unzählige Megaprojekte in karger Wüstenlandschaft errichtet. *Burj Al Arab*, *The Palm* und *The World* wurden in den Medien und der Geographie gleichermaßen bewundert und analysiert. Dass die Geschichte der Golfstaaten nicht erst mit dem Erdölreichtum beginnt ist klar. Doch was genau geschah eigentlich zuvor? Welche historischen Großereignisse können festhalten werden? Und welchen Einfluss hatte die westliche Welt auf die Golfregion?

Der Zeitraum bis zum 2. Weltkrieg ist sehr umfassend, weshalb diese Hausarbeit nicht detailliert auf einzelne Themenbereiche eingehen kann. Vielmehr soll ein Überblick über die Geschichte gegeben werden, um die Entwicklungen der Arabischen Halbinsel besser verstehen zu können und eine historische Zuordnung der Ereignisse zu ermöglichen. Den oben genannten Fragen wird deshalb in vier Großkapiteln nachgegangen. Als Hauptquelle dient das Buch „Die Arabische Halbinsel" von Eberhard Wohlfahrt (1980), da dies das Thema als Standartwerk sehr ausführlich behandelt und alle wichtigen Informationen über die Arabische Halbinsel enthält. Eine Einordnung der frühhistorischen Ereignisse gestaltet sich, wie ich im ersten Kapitel beschreiben werde, sehr schwierig. Im zweiten Teil der Hausarbeit möchte ich die Geschehnisse nach der Geburt des Propheten Mohammed, sowie die folgenden Herrscherdynastien erläutern. Im anschließenden Teil gehe ich auf den Einfluss des Westens und deren Kolonialpolitik auf der Halbinsel ein, welcher nicht nur den Handel, sondern auch die Staatenbildung im Nahen Osten beeinflusste. Als nächsten Unterpunkt der Gliederung erläutere ich die Zeit ab 1914, den Beginn des 1. Weltkrieges und die Folgen für die arabischen Länder. Im darauf folgenden Punkt geht es um die Entwicklung der Staaten bis zum 2. Weltkrieg. Am Ende der Hausarbeit fasse ich die wichtigsten Ereignisse nochmal zusammen und gebe ein Fazit über die Entwicklungen der Geschichte der Arabischen Halbinsel.

2. Vorislamische Geschichte

Zur frühen Geschichte der Arabischen Halbinsel schweigen die historischen Quellen weitgehend. Eine räumliche und chronologische Ordnung ist aufgrund von zu wenigen dokumentierten Funden kaum möglich. „Erste Zeugnisse menschlicher Besiedlung stammen aus der Altsteinzeit" (Wohlfahrt 1980: 116). Spätere Funde aus der jüngeren Altsteinzeit, um etwa 35000 – 10000 vor der Zeitwende, deuten auf eine stärkere räumliche Streuung hin. Das Inland der Halbinsel war dem Aussehen heutiger Steppen gleich, die Randgebirge waren bewaldet und wurden von den früheren Bewohnern als Jagdgebiete genutzt (vgl. Wohlfahrt 1980: 117). Nach der Desertifikation der Arabischen Halbinsel zogen die sesshaften Bewohner des Inlandes zu den wasserreichen Quellgebieten. Der nomadisierende Teil der Bevölkerung zog weiterhin durch die Wüste. Woher die Bewohner stammten, kann nicht rekonstruiert werden. Auch die Herkunft der ersten in Arabien nachgewiesenen Hochkulturen ist nicht bekannt (vgl. ebd.).

2.1. Hochkulturen und Reiche der Golfregion und Mesopotamien

In Mesopotamien, der „Wiege der ältesten Hochkulturen Arabiens" (vgl. Wohlfahrt 1980: 49) entwickelten sich im 3. Jahrtausend vor der Zeitwende die bedeutendsten antiken Kulturen. Darunter waren Babylonien und Assyrien, welche geographisch im Zweistromland zwischen Euphrat und Tigris lagen und als die wichtigsten Hochkulturen der Menschheit gelten (vgl. ebd.). Eine von der Wissenschaft erst jüngst entdeckte Kultur ist die der Dilmun. Diese gilt mit den Makan und Altsumer als erste Hochkultur auf der Arabischen Halbinsel. Fundierte Funde dafür gibt es auf der Insel Bahrain und im Oman, sowie in Indien und Mesopotamien, was auf starke Handelsbeziehungen schließen lässt. Dennoch bleibt die Geschichte dieser frühen Hochkulturen weitestgehend vom Schleier der Geschichte verdeckt (vgl. Wohlfahrt 1980: 51f). Im 2. Jahrtausend existierten in Südarabien vier Reiche: das der Minäer, Sabäer, Katabanier und Hadrami. Die Reiche sind unter dem Überbegriff der „Saihad-Kultur" zusammengefasst. Leider gibt es auch über die Geschichte der Saihad-Kultur nur wenige detaillierte Informationen (vgl. Wohlfahrt 1980: 55). Die schriftliche Überlieferung setzte erst mit dem Alten Testament ein, das bis etwa 1800 v. Ztw. zurückreicht (vgl. Wohlfahrt, 1980: 864.). Demnach besaßen die frühen Siedler „bereits ausgeprägte Sozialstrukturen und bildeten politische Einheiten in Form von Stadtstaaten, die sich zu kleinen Staatenbildungen zusammenschlossen" (Wohlfahrt 1980: 864).

3. Die Geburt des Propheten Mohammed

Mit der Geburt Mohammeds um 570 n. Chr. veränderte sich die Struktur Arabiens grundlegend. Es begann ein neues Zeitalter. Die verschiedenen kleinen Stadtstaaten schlossen sich unter der religiös-weltlichen Bewegung des Propheten unter einem Konglomerat mit monotheistischem Glauben zusammen. „Als mächtige geistliche Bewegung entwickelte sich der Islam unter Mohammed innerhalb kürzester Zeit in Arabien auch zur stärksten politischen Kraft, die unter seinen Nachfolgern, den Kalifen, aus Arabien hinausgetragen wurde" (Wohlfahrt 1980: 62). Mohammed eroberte die Stämme in Südarabien und dem Zentrum Arabiens (vgl. Abb. 1). Nach seinem Tod übernahmen vier Wahlkalifen das entstandene Reich mit Arabien als Kernland. Mit der Herrschaft der Kalifen breitete sich der Islam gleichzeitig nach Asien und Afrika aus. Der erste der gewählten Kalifen ist Aku Bakr. Er verhindert ein Abspalten abtrünniger Stämme im Ridda-Aufstand um 632 n. Chr. In den Jahren danach marschiert Aku Bakr im Irak und in Syrien ein und schlägt das byzantinische Heer bei Adschnadain zurück. 634 n. Chr. dankt er ab und Omar ibn al-Chattab wird sein Nachfolger. Unter seiner Herrschaft breitet sich das Reich weiter aus. Die Araber fallen in Jerusalem ein und legen den Heiligen Felsen frei, auf dem 691 der Felsendom errichtet wird. Als dritter im Bunde der Wahlkalifen kommt nach der Ermordung Omars 644 n. Chr. Othman ibn Affan an die Macht. Unter ihm werden die Eroberungen fortgesetzt, doch das Reich zeigt erste Anzeichen einer Krise. Die von Othman eingesetzten Stadthalter verfolgen gestützt durch ihre eigenen Armeen ihre eignen Ziele und sehen den Gewinn der Eroberungen des Reiches als nicht

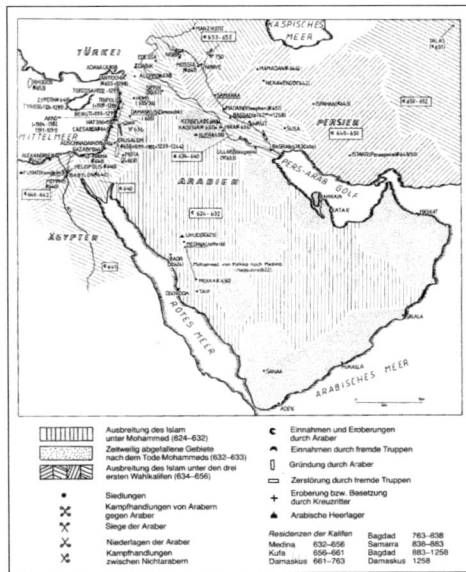

Abb. 1: Ausbreitung des Islam und Eroberungen durch Araber

gerecht verteilt an. Es formiert sich eine durch das Militär gestützte Gegenbewegung, welche Othman um 656 n. Chr. ermordet und den Schwiegersohn Mohammeds, Ali ibn Abi Talib an die Führungsspitze setzt. Dieser setzt als erste Amtshandlung alle Stadthalter ab. Aber der Stadthalter von Damaskus, Muawiya, wiedersetzt sich der Aufforderung sein Amt abzugeben und erklärt Ali den Krieg. Dabei geht Muawiya als Sieger hervor und setzt sich nun selbst ins Amt des Kalifen. 661 n. Chr. wird er ermordet. An dem Ort seines Todes wurde der Pilgerort Nadschaf errichtet (vgl. Kettermann 2001: 23f).

3.1. Dynastie der Omaijaden

Den Wahlkalifen folgte um 660 n. Chr. die Herrschaft der Omaijaden. Unter deren Dynastie dehnte sich das Arabische Reich flächenmäßig auf etwa 25% der damals bekannten Erde aus. „Von Marokko und Andalus bis zum Indus und nach Transoxanien" (Kettermann 2001: 26).

Die Eroberung ganz Europas wurde nur durch einen Sieg bei Tours aufgehalten, nachdem sich die dort geschlagenen arabischen Truppen wieder nach Spanien zurückzogen (vgl. Wohlfahrt 1980: 66f). Trotz innerer Machtkämpfe entwickelte sich der Islam unter der Omaijaden Dynastie zu der bislang größten historischen Weltmacht. Grundlage dieser Entfaltung war die einheitliche Sprache und die aus dem Islam entstandene Kultur, welche die vielen unterschiedlichen Völker einte. Arabien bildete in dieser Zeit den militärischen und geistigen Mittelpunkt zwischen Spanien und Indien.

3.2. Das Kalifat der Abbasiden

Die Erzählungen aus den Geschichten von „1001 Nacht" schildern den unglaublichen Reichtum dieser Epoche. „Der einstmaligen Konzentration auf militärische Belange folgte [...] eine Hinwendung zu kulturellen Leistungen und ein Ergehen in höfischen Sitten" (Wohlfahrt 1980: 67). Zeitgleich setzte ein langsamer Zerfall des Reiches ein. Die am Rand angesiedelten Gebiete grenzten sich unter der Herrschaft des schwachen Kalifen Harun al-Raschid ab und nach seinem Tod drohte das Arabische Großreich unter den Erbkämpfen seiner Söhne ganz zu zersplittern. 1256 startete Dsjingis Kahn seinen Eroberungsfeldzug gen Westen. 1258 fielen die Mongolen in Bagdad ein und zerstörten die Hauptstadt Arabiens. Mit dem Einzug der Mongolen in das Arabische Reich endete die Dynastie der Abbasiden, sowie die Existenz eines Großarabischen Reiches. „Militärisch und wirtschaftlich fiel Arabien ebenso wie die unter den Kalifen arabisierten anderen Gebiete bis in unser Jahrhundert in Machtlosigkeit und Armut" (Wohlfahrt 1980: 68).

3.3. Arabien unter osmanischer Herrschaft

Durch den Zusammenbruch des Arabischen Reiches sowie den Untergang des Byzantinischen Reiches entwickelte sich das Osmanische Reich zur herrschenden Kraft im östlichen Mittelmeerraum. 1517 eroberte Sultan Selim I Ägypten und stürzte die herrschenden Mamelucken. Damit reichte das osmanische Hoheitsterritorium über Mekka und Medina sowie die ganze Arabische Halbinsel. Durch die Eroberung Mekkas zogen die Osmanen neben der politischen, auch die religiöse Macht an sich. Mit der Eroberung Adens 1539 und Maskat im Jahre 1581 besaßen die Osmanen auch die wichtigen Ausgänge des Roten Meeres und des Persisch-Arabischen Golfes. Die Herrschaft der Osmanen über die Arabische Halbinsel dauert fast 400 Jahre an. Dies war möglich, da das Osmanische Reich im 19. Jahrhundert wirtschaftliche Verträge mit den europäischen Ländern abschloss, um somit deren Einfluss so gering wie möglich zu halten. 1882 eroberte Großbritannien Ägypten und forcierte den Druck auf mehr Einfluss in der Golfregion. Das wirtschaftlich schwächelnde Osmanische Reich hielt diesem Druck nicht stand und so ging die Herrschaft im Golf, sowie in Südarabien allmählich an Großbritannien über. „Während des 1. Weltkrieges kämpften die Osmanen auf seiten [sic!] der Mittelmächte. Deren Niederlage führte schließlich zum militärischen und politischen Zusammenbruch" (Wohlfahrt 1980: 72) des Osmanischen Reiches.

4. Einfluss des Westens

Mit der Erforschung neuer Handelsrouten nach Indien und Afrika im 15. Jahrhundert geriet Arabien immer mehr zum Interessengebiet der Europäischen Kolonialmächte. Die ersten Invasoren waren Kaufleute und deren Handelskompanien. Durch die Bedeutsamkeit des Handels mit Gewürzen und exotischen Produkten gewann die Region in Südarabien immer größere Wichtigkeit für den Handel in Europa. Erst im 19. Jahrhundert verschob sich die Interessenlage, aufgrund der Eröffnung des Suezkanals, von wirtschaftlichen hin zu militärischen Interessen in der Golf-Region (vgl. Wohlfahrt 1980: 73f.).

4.1. Portugiesen

Nachdem die portugiesische Marine eine arabische Handelsflotte im Indischen Ozean zerstörte, wurden die Portugiesen zu der dominierenden Handelsmacht im Arabischen Golf und übernahmen die Macht über die Seewege in der Region. Aufgrund des aufstrebenden Handels und der hohen Beanspruchung der Handelsrouten im Arabischen Golf richteten die Portugiesen an der Küste Arabiens Bastionen ein, welche den Seeweg auch militärisch sichern sollten. Nachdem die portugiesische Flotte 1588 von den Briten vernichtend geschlagen wurde und die Kaufleute keine Unterstützung aus der Heimat mehr bekamen, endete die portugiesische Herrschaft in Arabien nachdem 1650 auch noch der wichtigste Standpunkt, das Fort von Maskat, aufgegeben werden musste (vgl. Wohlfahrt 1980: 74f).

4.2. Holländer

Im 17. Jahrhundert war Holland die europäische Nation, welche über die Golfregion herrschte. Durch die gute politische Situation in Europa eroberten sich die Holländer in Afrika viele Kolonien und bauten ihren Einfluss auch in die Golf-Region aus. Die Herrschaft währte aber nicht lange, denn schon im 18. Jahrhundert änderte sich die politische Situation in Europa und die Briten leiteten den Niedergang der holländischen Glanzzeit ein. Durch diesen Wechsel verloren die Kaufleute ihre Unterstützung aus der Heimat und mussten ihre Handelsstationen in Arabien aufgeben (vgl. Wohlfahrt 1980: 75).

4.3. Briten

Durch einen Vertrag mit dem Sultan von Oman sorgten die Briten dafür, dass keine andere europäische Macht mehr im Arabischen Golf Handelsbeziehungen mit den arabischen Ländern eingehen konnten und verboten ebenfalls die Existenz von holländischen und französischen Handelsstandpunkten in der Region. Damit reißen die Briten, die erst sehr spät Interesse an der Golf-Region zeigten, die Macht sich. In den folgenden Auseinandersetzungen mit den Franzosen behielt Großbritannien die Überhand und verstärkt seinen Einfluss auf die südarabischen Länder. Mit den ersten Funden von Erdöl in der Region verteidigten die Briten ihre Macht gegen jeden Anspruch anderer europäischer Staaten. „Als der 1. Weltkrieg ausbrach, stand die gesamte Golfregion in politischer und wirtschaftlicher Abhängigkeit von Großbritannien" (Wohlfahrt 1980: 76).

5. Arabien im 1. Weltkrieg

1914 erklärten die Briten, Russland und Frankreich den Türken den Krieg. Damit begann der erste Weltkrieg. Die Kriegsgeschehnisse breiteten sich mit dem Einzug türkischer Truppen in Palästina und auf der Halbinsel Sinai auf Arabien aus. Die Briten, welche die Hoheitsmacht in Arabien waren, versprachen den arabischen Ländern ein eigenständiges Großarabisches Reich, falls diese die einfallenden türkischen Truppen bekämpften und sich während des Krieges auf die Seite der Briten stellten. Den arabischen

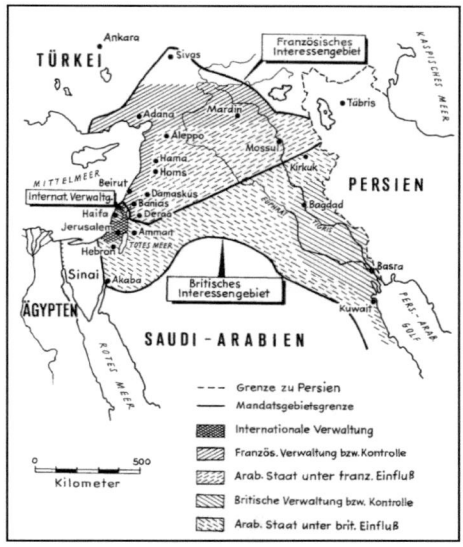

Kampf gegen die Türken führte der Engländer T.E. Lawrence an, welcher sich unter dem Namen Lawrence von Arabien bis heute einen Namen machte. Mit dem Waffenstillstand von Mudros endeten 1918 die Kriegsgeschehnisse in Arabien. Die Türken mussten sich zurückziehen und Arabien war nun von den Briten und den Franzosen besetzt. Das Versprechen der Briten den Arabern ein Großreich zuzusichern wurde nicht eingehalten. Stattdessen wurde die Arabische Halbinsel unter den Besatzungsmächten aufgeteilt (vgl. Wohlfahrt 1980: 79f).

Abb. 2: Verwaltungsverteilung der arabischen Halbinsel im 1. WK

6. Die Entwicklung der Staaten bis zum 2. Weltkrieg

Die weitere Entwicklung der arabischen Halbinsel kann in Nord- und Südarabien differenziert werden, da sie aus heutiger Sicht politisch eher getrennt betrachtet werden.

6.1. Nordarabien

Die Entwicklung hin zu den Staaten, wie wir sie heute kennen, setzte erst nach dem 1. Weltkrieg ein. Als erstes Land erlangte 1932 der Irak seine Unabhängigkeit. Dann folgten Syrien und der Libanon. Wie auf Abb. 2 zu sehen ist, war Syrien ab 1918 unter französischem Mandatsgebiet, wurde jedoch von ständigen Unruhen und Aufständen destabilisiert was dazu führte dass Frankreich Syrien die Unabhängigkeit zusicherte. Das französische Parlament lehnte den Antrag 1936 aber ab. Erst mit dem Einmarsch der alliierten Truppen 1941 gelang Syrien mit einem Unabhängigkeitsabkommen 1943 die vollständige Souveränität. Mit der Ausrufung des Staates Israel 1948 besaß der Norden Arabiens eine staatliche Gliederung (vgl. Wohlfahrt 1980: 83f).

6.2. Südarabien

Am 8. Januar 1926, nachdem Ibn Saud 15 Jahre zuvor die Stadt Riad eroberte und die Herrschaft über Nedschd erlangte, wurde er in Mekka zum König des Hedschas ausgerufen. Nedsch und Hedschas bildeten bis 1932 unter ihm einen Staatenbund, welcher zum Königreich Saudi-Arabien wurde (vgl. Wohlfahrt 1980: 226). Kuwait, Bahrain, Katar, VAE, Oman, Nordjemen und Süd-Jemen erlangten erst nach dem 2. Weltkrieg ihre Unabhängigkeit.

7. Zusammenfassung

Betrachtet man die geschichtliche Entwicklung der arabischen Halbinsel genauer werden einige Punkte deutlich. Zunächst befand sich Mesopotamien – auch als die „Wiege der Menschheit" bezeichnet – im Bereich des heutigen Irans und Iraks. Damit befand sich eine bedeutende Hochkultur in dieser Region, was eine wichtige Grundlage für die weiteren Entwicklungen darstellte. Andere große Bereiche der arabischen Halbinsel hingegen waren v.a. durch karge Wüste und Trockenheit gekennzeichnet, weshalb sich die Bevölkerung hauptsächlich um die Meere drängte. Der nächste wichtige Punkt ist die Geburt Mohammeds, womit die Verbreitung des Islams eingeleitet wurde. Insgesamt kann man dabei festhalten, dass die zahlreichen differenzierten Kulturen, Religionen und Sprachen dadurch vereint wurden und erheblich an Macht gewonnen haben. Über Jahrhunderte hinweg herrschten Araber über einen Großteil der damals bekannten Erde. In der Kolonialzeit konnten sich die Herrscher allerdings nicht erfolgreich wehren, weshalb der Einfluss der Briten und später Holländer und Portugiesen groß wurde. Durch die Eröffnung des Suezkanals 1869 kamen zu den wirtschaftlichen und politischen Faktoren auch noch militärische hinzu, die zu Uneinigkeiten innerhalb des Westens führten. Der Seeweg von Europa nach Asien und Indien wurde erheblich gekürzt, woraus immer wieder kehrende Konflikte auch zu Ägypten nicht abflauen konnten. Das Staatengebilde, das wir heute kennen, entstand allerdings erst kurz nach dem Zweiten Weltkrieg.

Quellenverzeichnis

BROCKELMANN, C. (1959): Geschichte der Islamischen Völker und Staaten. München.

HUART, C.L. (1915): Geschichte der Araber. Leipzig.

KETTERMANN, G. (2001): Atlas zur Geschichte des Islam. Darmstadt.

STUDIENGESELLSCHAFT FÜR FRIEDENSFORSCHUNG (2005): Denkanstöße zum Thema: Die arabische Welt und der Westen. Online: http://www.studiengesellschaft-friedensforschung.de/texte/da_51.pdf (aufgerufen am 15.02.12)

WOHLFAHRT, E. (1980): Die Arabische Halbinsel, Länder zwischen Rotem Meer und Persischem Golf. Berlin.